ROLAND LÖWISCH

DER GROSSE BMW EXPERTENTEST

AF642806

Impressum

HEEL Verlag GmbH
Gut Pottscheidt
53639 Königswinter
Telefon 0 22 23 / 92 30-0
Telefax 0 22 23 / 92 30 26
E-Mail: info@heel-verlag.de
Internet: www.heel-verlag.de
© 2022: HEEL Verlag GmbH, Königswinter

Verantwortlich für den Inhalt: Roland Löwisch

Lektorat: Frank Schobelt, Jürgen Schlegelmilch

Lithographie, Satz und Gestaltung: F5 Mediengestaltung, Bonn, Ralf Kolmsee

Fotonachweis: BMW AG; Archiv HEEL Verlag (S. 30, 53, 80); Adobe Stock (S. 33, 43, 55, 76, 85)

Titelfoto: Constantin Stein @constantinstein

Alle Rechte, auch die des Nachdrucks, der Wiedergabe in jeder Form und der Übersetzung in andere Sprachen, behält sich der Herausgeber vor. Es ist ohne schriftliche Genehmigung des Verlages nicht erlaubt, das Buch und Teile daraus auf fotomechanischem Weg zu vervielfältigen oder unter Verwendung elektronischer bzw. mechanischer Systeme zu speichern, systematisch auszuwerten oder zu verbreiten. Ebenso untersagt ist die Erfassung und Nutzung auf Netzwerken, inklusive Internet, oder die Verbreitung des Werkes auf Portalen wie Googlebooks.

Dieses Werk ist kein offizielles Produkt der BMW AG, München. Alle verwendeten Markenzeichen, Modellbezeichnungen und Typnummern sind Eigentum des Herstellers und dienen hier lediglich zur Identifizierung und Spezifikation.

Alle Angaben ohne Gewähr, Irrtümer vorbehalten

Printed in Czech Republic

ISBN: 978-3-96664-370-2

ROLAND LÖWISCH

DER GROSSE BMW EXPERTENTEST

HEEL

BAVARIAN MOTOR WORKS
25

Vorwort

Seit über 100 Jahren sorgt BMW nun schon mit innovativen und Technikgeschichte schreibenden Kreationen auf zwei und vier Rädern für „Freude am Fahren". Mit atemberaubendem Design wie beim legendäre 507 oder M1, genialen Motorenkonstruktionen und wegweisenden Elektronik-Innovationen begeisterte die Marke mit dem blau-weißen Emblem ihre treue Kundschaft immer wieder aufs Neue. Und so ist die Zahl der vermeintlichen Spezialisten in Sachen BMW-Geschichte und -Modellhistorie groß. Aber wer ist wirklich der Experte unter den Autokennern und hat auch dann noch die richtige Antwort parat, wenn es um Detailwissen rund um 1er, 2er, 3er & Co. geht?

Dieser Expertentest reizt und fordert das Wissen aller BMW-Fans und derer, die es vorgeben zu sein. Insgesamt 100 unterschiedlich schwierige Fragen widmen sich den Bereichen Auto- und Motorradmodelle sowie Unternehmen, Personen, Rennwagen und Concept-Cars. Hier kann jeder sein Wissen unter Beweis stellen. Ausführliche Antworten am Ende des Buchs liefern wertvolle Hintergrundinformationen und vor allem spannende Details aus der facettenreichen Welt des Münchner Premiumherstellers.

Die Redaktion hat versucht, eine möglichst gelungene Mischung an Fragen zusammenzustellen. Sollten Sie dennoch etwas vermissen oder haben Anregungen für weiteres Insiderwissen, das jeder kennen sollte, der sich Experte nennt, dann schreiben Sie einfach an info@heel-verlag.de – wir sind stets auf der Suche nach Wissenslücken, die neugierig machen auf die spannenden und teilweise auch überraschenden Antworten. Jetzt aber wünschen wir erst einmal allen Generationen von BMW-Begeisterten viel Spaß bei dieser Expertentestausgabe.

01 Was bedeutet das Zusatzkürzel „DA“ bei den ersten BMW?

A „Das Auto“

B „Deutsche Ausführung“

C „Dixi Austin“

D „Dach Abnehmbar“

Wie lautet der Spitzname des 1998 vorgestellten BMW Z3 Coupés?

02

- **A** Witwenmacher
- **B** Dame
- **C** Bulle
- **D** Turnschuh

03 Wie viele Exemplare des legendären 328 verkauft BMW?

A 462

B 646

C 1464

D 1646

Wie kommt BMW zur Isetta?

04

A Eigenkonstruktion

B Übernahme einer Touring-Idee

C Lizenzbau

D Kauf der Produktionsanlage von Messerschmitt

05 Wie viele Jahre ist der 6er, Baureihe E24, im BMW-Programm?

A 10

B 11

C 12

D 13

Wie wird die BMW-Mittelklasse genannt, die Anfang der 1960er Jahre die Firma rettet?

06

- **A** Neue Klasse
- **B** Schnelle Klasse
- **C** Gute Klasse
- **D** Große Klasse

M JW 6787

1987 kommt der Roadster Z1. Wofür steht das „Z“?

07

- **A** Zukunft
- **B** Kürzel für Projektchef Ulrich Bez
- **C** Z-Faltung im Dach
- **D** Zauber

08 Wie lange lässt BMW nach der Übernahme der Firma Glas den V8 2600 im Programm?

- **A** Drei Monate
- **B** Sechs Monate
- **C** Neun Monate
- **D** Ein Jahr

09 Welche Karosseriefirma „öffnet“ 1967 den BMW 1600-2?

- **A** Gläser
- **B** Reutter
- **C** Baur
- **D** Ghia

Mit welcher Modellreihe debütiert offiziell die erste BMW-Langversion?

10

- **A** BMW 501/502
- **B** BMW 2500 – 3.3i E3
- **C** BMW 518i – 533i E12
- **D** BMW 728 – 745i E23

Wie heißt die Bertone-Studie, die Grundlage für die erste 5er-Reihe (E12) ist?

11

- **A** Nürnberg
- **B** Berlin
- **C** Trier
- **D** Garmisch

12 Welche Partei regt sich 1973 am meisten über den BMW 2002 turbo (E20) auf?

A CDU

B SPD

C FDP

D CSU

M-TS 9825

turbo

13 Wann debütiert der erste serienmäßige Allrad-Pkw von BMW nach dem Zweiten Weltkrieg?

A 1978

B 1985

C 1996

D 2001

Was macht den BMW 750i (E32) 1987 so besonders?

14

- **A** Erster deutscher Zwölfzylinder nach 1945
- **B** Erster Trip-Computer im Auto
- **C** Drei ausgeformte Sitze im Fond
- **D** Erster Allradantrieb in der Luxusklasse

15 Wie nennt BMW den ersten X5 (E53) von 1999?

A SUV

B SOV

C SAV

D SIV

Welches BMW-Modell ist 1992 das teuerste im Portfolio?

16

- **A** M5
- **B** 750iL
- **C** Z1
- **D** 850 CSi

Wie viel Mal länger dauert 2001 die Fertigung eines Z8 Roadster im Vergleich mit einem 3er?

17

- **A** Fünfmal
- **B** Zehnmal
- **C** Zwanzigmal
- **D** Fünfzigmal

18 Mit welchen zwei Traditionen bricht BMW erstmals beim 2er Active Tourer 218i (F45) von 2014?

A erster BMW-Van, erstmals Dreizylinder

B erstmals Frontantrieb, erstmals LED-Rücklichter

C erster BMW-Van, erstmals LED-Rücklichter

D erstmals Dreizylinder, erstmals Frontantrieb

Welche Garantie gewährt BMW auf die Akkus des elektrischen i3?

19

- **A** ein Jahr oder 10.000 Kilometer
- **B** fünf Jahre oder 50.000 Kilometer
- **C** acht Jahre oder 160.000 Kilometer
- **D** zehn Jahre oder 100.000 Kilometer

20 Auf welcher Messe steht der BMW M5 (E28S) erstmals 1985 im Rampenlicht?

- **A** Genfer Salon
- **B** IAA Frankfurt
- **C** Detroit Motor Show
- **D** Autosalon RAI Amsterdam

Welches Typkürzel hat das erste BMW-Motorrad?

21

- **A** R 10
- **B** R 23
- **C** R 24
- **D** R 32

Was ist das Besondere am BMW-Zweirad C1?

22

- **A** Kein Helm erforderlich
- **B** Dreisitzer
- **C** Doppelzündung
- **D** ESP serienmäßig

23 Welchen Motorentyp hat BMW beim M3 nie verwendet?

- **A** Reihenvierzylinder
- **B** V6
- **C** Reihensechszylinder
- **D** V8

ZS 3303
M YK 5779

24 Wie viel PS hat das erste Supersport-Motorrad von BMW, die S 1000 RR?

- **A** 153 PS
- **B** 173 PS
- **C** 193 PS
- **D** 213 PS

Welchen Klassiker baut BMW für die Messe „Techno Classica“ 2006 aus Ersatzteilen neu auf?

25

- **A** BMW LS
- **B** BMW 1800
- **C** BMW 2000 CS
- **D** BMW 2002 tii

Nur dank einer Ausnahmegenehmigung nimmt der BMW 502 die neu eingeführte Hauptuntersuchungs-Hürde (TÜV). Was stört die Prüfer?

26

- **A** Selbstmördertüren
- **B** Ausladende Kotflügel
- **C** Spitze Blinker vorne
- **D** Lenkrad ohne Prallschutz

27 Was ist der BMW „Diana"?

A Jagd-Sondermodell vom 2002

B 02-Hochzeitsauto von BMW-Händler Hahne

C BMW-Geschenk an Diana Ross

D Dienstwagen der Rennfahrerin Marika Diana

Welcher Stylist entwirft für das BMW-Programm die erste „Touring“-Karosserie?

28

A Pietro Frua

B Giovanni Michelotti

C Ercole Espada

D Giorgetto Giugiaro

29 Was ist das Besondere am Heckspoiler des BMW 3.0 CSL von 1973?

A Er war so hoch wie das Fahrzeugdach

B Er bestand aus Sichtcarbon

C Er wurde im Kofferraum mitgeliefert

D Er war nur im Prospekt vorhanden

Warum bietet BMW 1975 den 1502 mit nur 75 PS an?

30

- **A** Verkaufskrise
- **B** Vorstandskrise
- **C** Produktionskrise
- **D** Energiekrise

31 Wie viele 6er-Coupés (E24) baut Karmann im Schnitt pro Tag?

A 6

B 8

C 10

D 12

Wie viele kleine Elektromotoren hat ein topausgestatteter 7er (E23) von 1977?

32

A 17

B 29

C 35

D 38

33 Mit welcher 3er-Reihe übernimmt BMW selbst die Produktion des Cabrios?

A E21

B E30

C E36

D E46

Wofür steht das „e" in der Modellbezeichnung des BMW 525e?

34

- **A** eta – griech. Buchstabe für den Wirkungsgrad
- **B** eco – Abkürzung für „ökologisch wertvoll"
- **C** eso – Hinweis auf den typischen Kat-BMW-Käufer
- **D** efi – Electronic Fuel Injection

35 Warum bringt BMW vom 8er (E31) kein Cabrio?

A Es würde zu teuer werden

B Laut Marktforschung besteht kaum Interesse

C Die Basis ist nicht steif genug

D BMW-Chef von Kuenheim ist dagegen

Wie viel Prozent der Kunden des 3er Compact (E36/5) kaufen danach wieder einen BMW?

36

- **A** 75 Prozent
- **B** 65 Prozent
- **C** 55 Prozent
- **D** 45 Prozent

37 Welche Zeit schafft ein BMW 750 hL (E38) auf der Nordschleife?

- **A** 9:52 Minuten
- **B** 10:16 Minuten
- **C** 10:45 Minuten
- **D** 11:02 Minuten

Was ist das Alleinstellungsmerkmal des 1er BMW (E87) in seinem Segment?

38

- **A** Quermotor und Hinterradantrieb
- **B** Längsmotor und Frontantrieb
- **C** Längsmotor und Hinterradantrieb
- **D** Quermotor und Frontantrieb

39 Wofür steht bei BMW das Kürzel „LCI“?

A Life Cycle Impuls

B Low Carb Ignition

C Loud Crowd Input

D Left Corner Increase

40 In welchem BMW befindet sich erstmals die Bedieneinheit „iDrive“?

A 6er E63

B X3 E83

C 7er E65

D X5 E70

Wie lautet 2017 das Ranking der vier meistverkauften BMW?

41

- **A** 1: 3er 2: 5er 3: X1 4: 1er
- **B** 1: 1er 2: 3er 3: X1 4: 5er
- **C** 1: 3er 2: 1er 3: 5er 4: X1
- **D** 1: 5er 2: 1er 3: 3er 4: X1

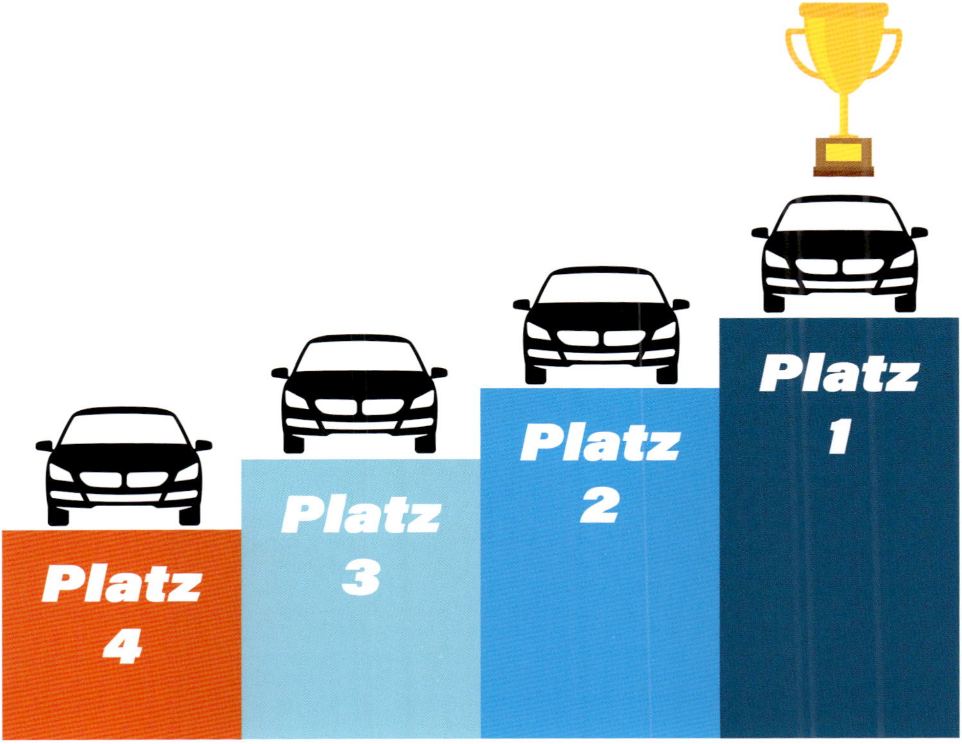

42 Wie viele Mini-Versionen bietet BMW Mitte 2018 an?

A 5

B 6

C 7

D 8

Wie viele Serien-Exemplare des 1972er BMW Turbo entstehen?

43

A null

B fünf

C zehn

D 20

44 Wie viel Kilo leichter ist der M3 CSL (E46) im Vergleich zum „normalen“ M3 Coupé?

- **A** 80 Kilo
- **B** 100 Kilo
- **C** 120 Kilo
- **D** 150 Kilo

Wie viele Exterieur-Farben bietet die BMW-Tochter Rolls-Royce ihren Kunden aktuell an?

45

A 7500

B 12.000

C 28.000

D 44.000

46 Wie groß ist Mitte 2018 der Preisunterschied zwischen X2 Coupé und X6 Coupé (jeweils Basisversion)?

A rund 26.000 Euro

B rund 30.000 Euro

C rund 34.000 Euro

D rund 38.000 Euro

M SD 2003

01 Wer gründet die BMW AG?

A Wilhelm G. Bayer

B Ergebnis von Firmen-zusammenschlüssen

C Bayerische Landesbank

D das Land Bayern

Wer entwirft den BMW 507?

- A Wilhelm Hofmeister
- B Felice Bianchi Anderloni
- C Giovanni Michelotti
- D Albrecht Graf von Goertz

03 Mit welchem Autovermieter gründet BMW 2011 die Car-Sharing-Firma DriveNow?

- **A** Avis
- **B** Europcar
- **C** Sixt
- **D** Hertz

Welche englische Firma „erbt“ den BMW 327/328 und baut ihn 1947 unter eigenem Namen weiter?

04

- **A** Morgan
- **B** Bristol
- **C** AC
- **D** Leyland

05 Wie wird die neue BMW-Firmenzentrale 1970 genannt?

- **A** Strauß-Tempel
- **B** Langer Eugen
- **C** Vierzylinder
- **D** Reihensechser

In welchem US-Staat errichtet BMW sein erstes amerikanisches Werk?

06

- **A** North Carolina
- **B** South Carolina
- **C** Colorado
- **D** New Mexico

07 Wie lange dauert der BMW-Deal mit Rover?

A Drei Jahre

B Fünf Jahre

C Sechs Jahre

D Acht Jahre

08 In welchem Zeitraum zeichnet der Franzose Paul Bracq für das BMW-Design verantwortlich?

A 1966 bis 1970

B 1970 bis 1974

C 1974 bis 1978

D 1978 bis 1982

Welcher Hersteller will 1959 BMW übernehmen?

09

A Daimler-Benz

B Auto Union

C Alfa Romeo

D Borgward

10 Wer ist erster Chefinstruktor beim 1977 eingeführten „BMW-Fahrertraining“?

- **A** Walter Röhrl
- **B** Björn Waldegaard
- **C** Rauno Aaltonen
- **D** Guy Fréquelin

In welchem Jahr baut BMW erstmals mehr als 100.000 Autos?

11

- A 1965
- B 1966
- C 1967
- D 1968

Wie alt ist Eberhard von Kuenheim, als er 1970 BMW-Chef und jüngster Generaldirektor der deutschen Großindustrie wird?

12

- A 36
- B 38
- C 40
- D 41

13 Was ist der Hofmeister-Knick?

A Jährliche Absatzflaute zur Sommerzeit

B Designelement im Bereich der C-Säule

C Wallhecke auf BMW-Gelände in München

D Kurve auf dem BMW-Messgelände Aschheim

14 Wem gehört der Grund und Boden, auf dem heute das Rolls-Royce-Werk steht?

A Richard Branson

B Duke of Richmond

C James Ratcliffe

D Prinz Charles

Wie viele Menschen sind 1975 für BMW tätig?

15

- **A** 18.000
- **B** 24.000
- **C** 29.000
- **D** 35.000

16 Was verbirgt sich hinter dem Begriff „VANOS"?

A elektronische Einspritzanlage

B Nockenwellenverstellung

C Reifendrucküberwachungssystem

D Abstandswarnsystem

Warum gilt der 5. Februar 1999 für BMW als „Schwarzer Freitag“?

17

- **A** Reitzle drängt Pischetsrieder raus
- **B** Pischetsrieder drängt Reitzle raus
- **C** Pischetsrieder tritt zurück, Reitzle auch
- **D** von Kuenheim entlässt Pischetsrieder und Reitzle

18 Chris Bangle gilt als umstrittenster BMW-Designer. Warum?

- **A** wegen seiner„kommunizierenden Linien und Kanten“
- **B** wegen seitlicher„Bangle-Bretter“
- **C** weil er den Hofmeister- zum Bangle-Knick macht
- **D** wegen des Bangle-Angle an der A-Säule

Welchen Motorradhersteller kauft BMW im Jahr 2007?

19

- **A** Indian
- **B** Ducati
- **C** Husqvarna
- **D** Dayang

20 Wann gründet BMW die i GmbH?

- **A** 2010
- **B** 2011
- **C** 2012
- **D** 2013

Wer wird 1918 erster BMW-Generaldirektor?

21

- **A** Karl Rapp
- **B** Max Friz
- **C** Camillo Castiglioni
- **D** Franz Josef Popp

22 Wie lautet der Spitzname von Paul G. Hahnemann, BMW-Verkaufschef von 1961 bis 1969?

A Kämpfer-Paul

B Sieger-Paul

C Nischen-Paul

D Fugen-Paul

Welche Markennamen haben Autos, die ab 1949 die „Zweigniederlassung Eisenach“ verlassen?

23

A EMW

B ZMW

C SMW

D AMW

24 Wann beginnt der Bau des BMW-Forschungs- und Innovationszentrums FIZ?

- A 1983
- B 1984
- C 1985
- D 1986

Wie sollte BMW eigentlich ursprünglich heißen?

25

A Bayern-Kraft

B Bayern-Motor

C Bayern-Tempo

D Bayern-Auto

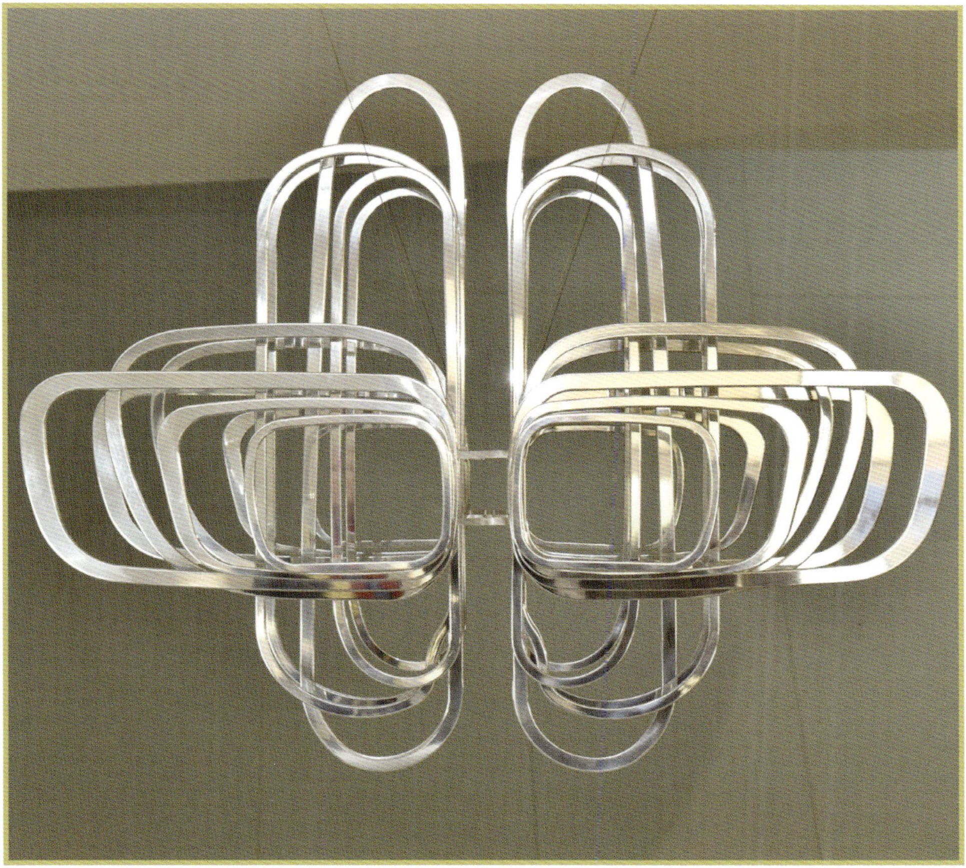

26 Worum handelt es sich beim BMW-„Goldfisch“?

- **A** 7er (E32) mit V16-Motor
- **B** Codename für die Aktionäre Quandt
- **C** 3er-Reihe, 2. Generation
- **D** Kunde, der besonders viele Extras ordert

27 Angeblich ist ein Politiker schuld daran, dass der BMW-„Barockengel“ kein großer Erfolg wird. Wer?

- **A** Ludwig Erhardt
- **B** Franz-Josef Strauß
- **C** Konrad Adenauer
- **D** Max Brauer

Wie viele Händler hat BMW Ende der 1920er Jahre in Deutschland?

28

- **A** mehr als 100
- **B** weniger als 75
- **C** mehr als 50
- **D** weniger als 30

29 Wer baut die BMW Motorsport GmbH bis 1979 maßgeblich auf?

A Jochen Neerpasch

B Hans-Joachim Stuck

C Eberhard von Kuenheim

D Bob Lutz

Nach wem oder was ist der „Petuelring“ benannt, an dem das Hauptverwaltungsgebäude und Wahrzeichen von BMW errichtet wurde?

30

A zum Gedenken an den Mönch und Flößer Alfons Petuel

B Ableitung vom brasilianischen Wort für Benzin

C zu Ehren der Unternehmerfamilie Petuel

D Erfinder des aktiven Fahrwerks Dr. Ing. Claus E. Petuel

01 Welchen c_W-Wert hat der „Autobahnwagen“ K-1 von 1939?

- **A** 0,20
- **B** 0,30
- **C** 0,23
- **D** 0,32

$$c_W = \frac{F_W}{qA} = \frac{2F_W}{\rho v^2 A}$$

Welche Rekordzeit erzielt Hubert Hahne 1966 im BMW 2000 TI auf der Nürburgring-Nordschleife?

02

- **A** 11:18,5
- **B** 10:48,5
- **C** 9:58,5
- **D** 8:58,5

03 Auf wessen Initiative wird 1975 das erste BMW „Art Car“ verwirklicht?

- **A** Hervé Poulain
- **B** Alexander Calder
- **C** Giorgio Giugiaro
- **D** Jochen Neerpasch

Welcher Aerodynamik-Pionier beeinflusst die Fertigung eines der fünf BMW 328 für die Mille-Miglia 1940?

04

- **A** Hans Ledwinka
- **B** Paul Jaray
- **C** Wunibald Kamm
- **D** Edmund Rumpler

05 Wie heißt die Firma von Ernst Loof, der ab 1947 aus alten BMW neue Rennwagen macht?

A Vinum

B Veritas

C Cave

D Canem

1982 wird BMW Motorenlieferant in der Formel 1. Für welches Team?

06

- **A** Brabham
- **B** Arrows
- **C** Ligier
- **D** Benetton

07 Wie viele Sitzplätze hat der mit einem BMW-V12 ausgerüstete McLaren F1?

- **A** einen
- **B** zwei
- **C** drei
- **D** vier

08 Wie erklärt sich der große Erfolg der 02-Reihe im Motorsport?

- **A** geringer Preis, wenig Gewicht, gutes Handling
- **B** wenig Gewicht, gutes Handling, viel Kraft
- **C** viel Kraft, geringer Preis, wenig Gewicht
- **D** gutes Handling, viel Kraft, geringer Preis

Was ist die „Wilde Reiter GmbH"?

09

- **A** Horde undisziplinierter BMW-Rennfahrer
- **B** Privater BMW-Club mit Rennmotorrädern
- **C** BMW-Tochterfirma für Wildpferdezucht
- **D** Nachtclub unweit des BMW-Verwaltungshauses

10 Wie viele M1 dürfen im Rahmen der BMW Procar-Serie pro Lauf starten?

- **A** 20
- **B** 25
- **C** 30
- **D** 35

In welchem Formel-1-Grand Prix siegt erstmals ein Brabham-BMW?

11

A GP Italien

B GP Kanada

C GP Deutschland

D GP Österreich

12 Wie viele BMW V12 LMR werden 1999 gebaut?

- **A** 1
- **B** 2
- **C** 3
- **D** 4

15
DELL
15
ine BMW parts
MICHELIN

13 Mit welchem Fahrzeugtyp siegt Schnitzer-BMW 2010 beim 24-Stunden-Rennen am Nürburgring?

- **A** BMW M3 CSL-NS
- **B** BMW M3 GTR
- **C** BMW M3 VLN
- **D** BMW M3 GT2

2012 steigt BMW nach fast 20 Jahren wieder in die DTM ein. Mit welchem Erfolg?

14

- **A** ohne Titel
- **B** Fahrertitel
- **C** Fahrer- und Herstellertitel
- **D** Fahrer-, Team- und Herstellertitel

15 Was stört das Publikum am meisten beim vollelektrischen Concept Car E1 von 1991?

A Reichweite

B Design

C Platzangebot

D Leistung

In welchem Jahr stellt die BMW Technik GmbH die Studie Z22 auf die Räder?

16

- **A** 1999
- **B** 2001
- **C** 2003
- **D** 2005

17 Welcher Motor sitzt in der BMW-Studie Just 4/2 von 1995?

- **A** V8 vom 540i
- **B** Vierzylinder aus der K 1100
- **C** Vierzylinder vom 316i
- **D** Diesel des 325tds

Welches ist das erste von BMW-Chefdesigner Chris Bangle gestaltete Concept Car?

18

- **A** Z18
- **B** Z07 Concept
- **C** xActivity
- **D** Z9 GT Concept

19 Wie viele Weltrekorde erringt die Wasserstoff-Studie H2R von 2004?

- **A** 7
- **B** 8
- **C** 9
- **D** 10

20 Worin liegt die Besonderheit der 2001 gezeigten Studie X Coupé?

A asymmetrisches Heck

B Holz-Karosserie

C fehlende Türen

D ZZ-Dachfaltung

Was kann die Studie GINA Light von 2008?

21

A schweben

B verformen

C reden

D erstrahlen

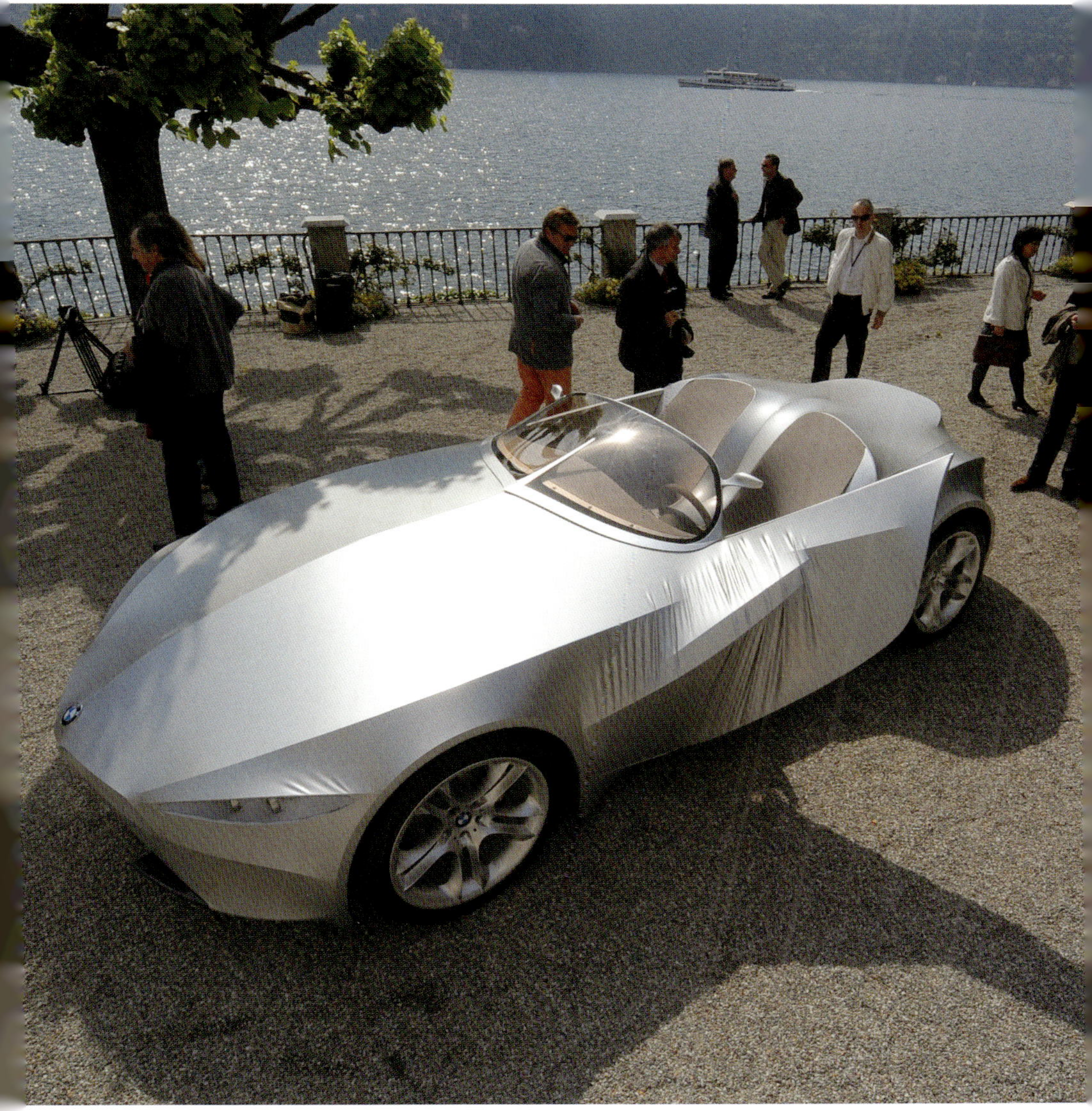

22 Wie viele Motoren treiben den BMW Vision Efficient-Dynamics an?

A 1

B 2

C 3

D 4

Welcher Künstler ist zunächst nicht besonders stolz auf sein BMW Art Car?

23

- **A** Roy Lichtenstein
- **B** Matazo Kayama
- **C** Ernst Fuchs
- **D** Andy Warhol

AUTO- UND MOTORRADMODELLE

01

Was bedeutet das Zusatzkürzel „DA" bei den ersten BMW?

RICHTIGE ANTWORT: **B**

Im November 1928 kauft BMW das Dixi-Werk der Gothaer Waggonfabrik in Eisenach, in dem seit zehn Jahren Austin Seven in Lizenz gebaut werden. Rückwirkend zum 1. Oktober wird das Werk in „BMW-AG Zweigniederlassung Eisenach" umbenannt. Der Dixi wird sodann 3/15 DA1 genannt, wobei DA für „Deutsche Ausführung" (des englischen Austin Seven-Patents) steht.

02

Wie lautet der Spitzname des 1998 vorgestellten BMW Z3 Coupés?

RICHTIGE ANTWORT: **D**

Das knackige Kombi-Coupé hat offenbar echtes Kultpotenzial: Die Fangemeinde gibt dem extravaganten Neuling jedenfalls schnell den Namen „Turnschuh". Knapp 18.000 Exemplare entstehen, deutlich weniger als vom Roadster, der fast 280.000 Mal verkauft wird. Heute erzielt besonders die bis zu 325 PS starke M-Variante Höchstpreise bei Klassiker-Freunden.

03

Wie viele Exemplare des legendären 328 verkauft BMW?

RICHTIGE ANTWORT: **A**

Der von 1937 bis 1941 gebaute BMW 328 gilt als erster sportlicher Meilenstein von BMW. Sein Zweiliter-Sechszylinder mit revolutionärem Alukopf, aufwändigem Ventiltrieb und drei Solex-Vergasern leistet 80 PS – damit ist der Roadster in der Zweiliterklasse klar vorn. Allerdings können nicht viele Kunden 7400 Reichsmark ausgeben: Nur 462 Exemplare werden verkauft.

04

Wie kommt BMW zur Isetta?

RICHTIGE ANTWORT: **C**

Als sich BMW in der Wirtschaftswunderzeit nach einem Kleinwagen umsieht, stolpern die Münchner auf dem Genfer Autosalon 1954 über das italienische ISO Moto-Coupé Isetta. BMW sichert sich die Lizenz, wirft den 326-Kubik-Zweitakter heraus und ersetzt ihn durch einen 245-Kubik-Viertakter (später gibt's wahlweise auch 300 Kubik). Von 1956 bis 1962 werden mehr als 160.000 Isetta gebaut.

05

Wie viele Jahre ist der 6er, Baureihe E24, im BMW-Programm?

RICHTIGE ANTWORT: **D**

Das Coupé auf 5er-Basis (E12) komplettiert ab 1976 das Portfolio von BMW, wobei alle Varianten mit einem Reihensechszylinder ausgerüstet sind. Top-Modell ist zunächst der 633 CSi, ab 1984 der M635CSi mit satten 286 PS des legendären M88-Triebwerks. Der von seinen Anhängern liebevoll „Sharknose" oder je nach Leistung auch „Bayern-Express" genannte 6er ist technisch und optisch so ansprechend, dass er 13 Jahre lang im BMW-Programm bleibt.

06

Wie wird die BMW-Mittelklasse genannt, die Anfang der 1960er Jahre die Firma rettet?

RICHTIGE ANTWORT: **A**

Auf der Frankfurter IAA 1961 steht mit dem BMW 1500 erstmals die „Neue Klasse": eine sportliche Limousine der gehobenen Mittelklasse. Der Viertürer kostet zunächst 9845 Mark – im Vergleich: ein VW 1200 (Käfer) liegt zur selben Zeit bei rund 5000 Mark –, dafür gibt es 80 PS und ein aufwändiges

Fahrwerk. Bald gesellen sich weitere Motorvarianten hinzu. Letztlich rettet der Bestseller BMW vor der Insolvenz.

07

1987 kommt der Roadster Z1. Wofür steht das „Z"?

RICHTIGE ANTWORT: **A**

Dr. Ulrich Bez, 1985 Chef der neugegründeten BMW Technik GmbH, bekommt vom Vorstand zehn Millionen Mark und den Auftrag, etwas völlig Neues zu kreieren. Das serienreife Ergebnis entsteht bis Juni 1988 in dem neuen, keine fünf Autominuten von der Konzernzentrale entfernten Hochtechnologieunternehmen, das weltweit längst Vorbildfunktion genießt: Der Z1 ist ein einzigartiger 170 PS starker Frontmittelmotor-Roadster mit in den Schwellern versenkbaren Türen. Das „Z" steht dabei für Zukunft. Aber das Vergnügen bleibt limitiert: Nur 8000 Einheiten des 83.000 DM teuren Kultautos und Trendsetters werden gebaut.

08

Wie lange lässt BMW nach der Übernahme der Firma Glas den V8 2600 im Programm?

RICHTIGE ANTWORT: **D**

Mit der Übernahme des Familienunternehmens Hans Glas Automobilwerke in Dingolfing am 10. November 1966 erbt BMW ein schickes, von Pietro Frua gezeichnetes Coupé mit V8-Motor, den Glas V8 2600. Optik und Technik sind top, die einzige Optik-Änderung ist der Austausch des Glas-Badges durch das BMW-Emblem. Unter die Haube packt BMW einen Dreiliter-V8. Das nun 23.600 Mark teure Coupé findet kaum Kunden: Nach einem Jahr fliegt es aus dem Portfolio.

09

Welche Karosseriefirma „öffnet" 1967 den BMW 1600-2?

RICHTIGE ANTWORT: **C**

BMW ordnet sein Modellprogramm Mitte der 1960er neu und bringt im Frühjahr 1966 – kurz vor dem 50-jährigen Jubiläum – den zweitürigen 1600-2 als Einstiegsmodell. Auf dieser Basis fertigt die Stuttgarter Karosseriefirma Baur von 1967 bis 1971 ein Vollcabrio, was den Kaufpreis von 8650 Mark auf rund 11.900 Mark treibt.

Übrigens: Besser bekannt, aber nicht zu verwechseln, ist die von Herbst 1971 bis Sommer 1975 ebenfalls von Baur angebotene, verwindungssteifere Version mit herausnehmbarem Dachteil und feststehendem Bügel auf Basis des 2002.

10

Mit welcher Modellreihe debütiert offiziell die erste BMW-Langversion?

RICHTIGE ANTWORT: **B**

1968 kehrt BMW mit der Sechszylinder-Limousine 2500 zurück zur Oberklasse. Mit der E3-Baureihe beginnt nicht nur die Ära der Doppelscheinwerfer, sondern ab 1974 auch die Produktion von Langversionen. Sie sind im Radstand 100 Millimeter länger, wovon traditionell der Platz im Fond profitiert. Rund 13.000 E3-Limousinen mit dem Kürzel „L" werden bis 1977 verkauft.

11

Wie heißt die Bertone-Studie, die Grundlage für die erste 5er-Reihe (E12) ist?

RICHTIGE ANTWORT: **D**

1972 kommt der erste 5er auf den Markt, eine von Grund auf neue konstruierte Limousine. Die „5" soll an die Erfolge der BMW 501, 503 und 507 erinnern. Optisch basiert sie auf der Studie „Garmisch", die 1970 auf dem Genfer Automobilsalon steht. Das Konzeptfahrzeug war von dem visionären Designer Marcello Gandini für Bertone entworfen worden und zog mit seinem kühnen, kantigen und vertikal positionierten Kühlergrill und den rechteckigen, verglasten Scheinwerfern die Aufmerksamkeit auf sich. Weitere ungewöhnliche Details waren die Lufteinlässe in den C-Säulen und die wabenförmig strukturierte Sonnenschutzblende auf der Heckscheibe – ein typisches Stilelement Marcello Gandinis.

Adrian van Hooydonk, Senior Vice President der BMW Group Design, präsentiert 2019 beim Concorso d'Eleganza Villa d'Este einen originalgetreuen Nachbau des BMW Garmisch – die damalige Studie verschwand kurz nach der Ausstellung spurlos.

12

Welche Partei regt sich 1973 am meisten über den BMW 2002 turbo (E20) auf?

RICHTIGE ANTWORT: **B**

„Das Beste, was man aus Abgasen machen kann, ist Leistung.": Nicht nur mit 170 PS, sondern auch mit aggressiver Optik (Frontspoiler mit „turbo"-Schriftzug in Spiegelschrift) erschreckt BMW 1973 das Establishment. Der *Spiegel* prangert die „Kriegsbemalung" an und die SPD lässt gar im Bundestag anfragen, was man gegen solche Auswüchse unternehmen könne. BMW rudert daraufhin zurück und verzichtet auf das gespiegelte „turbo"-Logo. Die folgende allgemeine Wirtschaftsrezession tut ihr Übriges und so entstehen bis Ende 1974 nur rund 1670 Exemplare des rund 20.000 Mark teuren Urahns aller kompakten Power-BMW. Interessante Randnotitz: Dem ab 1974 lieferbaren 911 turbo ist eine erfolgreichere Karriere vergönnt ...

13

Wann debütiert der erste serienmäßige Allrad-Pkw von BMW nach dem Zweiten Weltkrieg?

RICHTIGE ANTWORT: **B**

Der BMW 325iX (E30) mit permanentem Allradantrieb feiert seine Premiere auf der Internationalen Automobil-Ausstellung 1985. Ein zentrales Planetendifferenzial sorgt bei dem xDrive genannten 4WD-System für die Drehmomentverteilung von 37 Prozent vorn zu 63 Prozent hinten. Damit hält BMW bei der Abstimmung des Systems grundsätzlich an der für den Hinterradantrieb typischen Charakteristik fest. Der Sechszylinder-iX hat 171 PS und ist für 42.500 Mark erhältlich. Anlässlich des 30sten Geburtstags der Markteinführung des intelligenten Allradantriebs xDrive vermelden die Münchner 2016, dass rund jeder dritte weltweit verkaufte BMW mit diesem Feature ausgestattet ist.

14

Was macht den BMW 750i (E32) 1987 so besonders?

RICHTIGE ANTWORT: **A**

Den Premiumanspruch der zweiten 7er-Reihe – entworfen vom damaligen Chefdesigner Claus Luthe – unterstreicht BMW 1987 mit dem 750i, dem ersten deutschen Zwölfzylinder nach dem Krieg. Für mindestens 130.000 Mark gibt es 300 PS aus den 4988 Kubikzentimetern Hubraum des Triebwerkstyps M70B50; 450 Nm bei 4100/min sorgen für ordentlich Schub. Die Optik ist dezent, Insider erkennen den 250 km/h schnellen „Zwölfender" nur an der breiteren Niere und dem eckigen Doppelrohrauspuff.

15

Wie nennt BMW den ersten X5 (E53) von 1999?

RICHTIGE ANTWORT: **C**

Mit dem X5 bietet BMW ein Allrad-Auto an, das niemand vermisst hat, aber jeder haben will: ein Offroader, der sich wie eine Limousine fährt. Basis ist die 5er-Reihe. Um zu zeigen, dass der X5 mehr kann als ein herkömmliches SUV (Sports Utility Vehicle), wird er auf einer US-Rennstrecke präsentiert – und als „SAV" (Sports Activity Vehicle) vermarktet. Auch die Fertigung erfolgt in den USA, und zwar im Werk Spartanburg/South Carolina. Hier läuft 2010 der insgesamt 1.000.000ste X5 (der dann schon zweiten

Generation) vom Band: Der Saphirschwarz-Metallic lackierte X5 xDrive35i mit Lederausstattung Nevada in Zimtbraun geht zu seinem neuen Besitzer nach China ...

16

Welches BMW-Modell ist 1992 das teuerste im Portfolio?

RICHTIGE ANTWORT: **D**

Im Konkurrenzkampf mit Mercedes gießt BMW mit der 8er-Reihe (E31) neues Öl ins Feuer. Das exklusive Luxus-Coupé kommt 1989 zuerst mit 300 PS starkem V12, 1992 gesellt sich der sportliche CSi hinzu. Das auf 5,6 Liter vergrößerte Triebwerk leistet nun 381 PS und 550 Newtonmeter maximales Drehmoment – das hat seinen Preis: 180.000 Mark. Teurer geht's seinerzeit nicht bei den Bayern. Immerhin entscheiden sich 1510 Kunden für das besonders leistungsstarke Topmodell, das seinem sportlichen Charakter entsprechend ausschließlich mit Handschaltung zu haben ist.

17

Wie viel Mal länger dauert 2001 die Fertigung eines Z8 Roadster im Vergleich mit einem 3er?

RICHTIGE ANTWORT: **B**

Mit gestreckten Proportionen, klassischer Linienführung und Faltverdeck: Der 400 PS starke und 235.000 Mark teure Traumroadster Z8 (E52) ist eine Reminiszenz an den legendären BMW 507 und soll beweisen, wozu BMW an der Schwelle zum neuen Jahrtausend in der Lage ist. Nur 5703 Exemplare werden überwiegend von Hand gebaut. Der Produktion eines 3er-BMW erfolgt rund zehnmal schneller. Apropos „schnell": Der Hochleistungs-V8-Sportler, dessen atemberaubende Linienführung der dänische Automobildesigner Henrik Fisker zeichnete, schafft es, die 20 Kilometer lange Nürburgring-Nordschleife in respektablen 8:15 Minuten zu bezwingen.

18

Mit welchen zwei Traditionen bricht BMW erstmals beim 2er Active Tourer 218i (F45) von 2014?

RICHTIGE ANTWORT: **D**

Der 2er Active Tourer ist ein ziemlich untypischer BMW. Er schockt die Fangemeinde mit dem ersten Frontantrieb bei einem BMW und ist dann auch noch erster Münchner Vertreter mit Dreizylinder-Motor. Doch die Kritiker verstummen bald: Das Fahrwerk überzeugt ebenso wie der kernige neuentwickelte Dreizylinder-Turbo 100 kW (136 PS) vom Typ B38B15.

19

Welche Garantie gewährt BMW auf die Akkus des elektrischen i3?

RICHTIGE ANTWORT: **C**

Der i3 (I01) ist erster reiner Elektro-Serien-Pkw aus dem Hause BMW und im Jahr 2020 beläuft sich seine Bilanz seit Markteinführung 2013 auf 165.000 weltweit verkaufte Einheiten. Somit ist er das meistverkaufte Elektrofahrzeug im Premium-Kompaktsegment. Nach Angaben des Herstellers musste bis 2020 noch keine Hochvoltbatterie des i3 aufgrund von vorzeitiger Alterung ausgetauscht werden. Darum verkündete die BMW Group eine Erweiterung ihrer Gewährleistungszusagen für die Batterie von Neufahrzeugen von den bis dahin veranschlagten 100.000 Kilometern auf eine Gewährleistungsfrist von maximal 160.000 Kilometern Laufleistung in acht Jahren.

20

Auf welcher Messe steht der BMW M5 (E28S) erstmals 1985 im Rampenlicht?

RICHTIGE ANTWORT: **D**

Dass man Geld verdienen kann mit einer dezenten Hochleistungslimousine, beweist BMW mit dem ersten M5, der Anfang 1985 in Amsterdam Premiere hat. Der vom M1 abgeleitete M88-Sechszylinder leistet hier 286 PS, damit rennt der M5 245 km/h. Rund 81.000 Mark kostet der Spaß, den sich 2145 Kunden gönnen.

21

Welches Typkürzel hat das erste BMW-Motorrad?

RICHTIGE ANTWORT: D

Am 28. September 1923 präsentierte BMW auf der Deutschen Automobilausstellung in Berlin sein erstes, gut 3000 Mal gebautes Motorrad: die R 32. Wegweisend für viele folgende Motorradgenerationen der Münchner sind der Boxermotor sowie der Kardanantrieb in einem Doppelrohrrahmen. Für die Entwicklung der R 32 war der deutsche Ingenieur und Motorenkonstrukteur Max Friz (1883 – 1966) verantwortlich.

22

Was ist das Besondere am BMW-Zweirad C1?

RICHTIGE ANTWORT: A

Zur Jahrtausendwende stellt BMW mit dem C1 eine „völlig neue Fahrzeugkategorie vor, die die Vorzüge eines motorisierten Zweirades mit zahlreichen Sicherheitselementen eines Automobils verbindet." Der Anspruch: das „sicherste Zweirad der Welt". Der C1 von 2000 ist ein quasi überdachter Motorroller. Der Pilot kann sich anschnallen – somit entfällt die Helmpflicht. Motorseitig sorgt ein 125-cm^3-Motor mit 15 PS und einem geregelten Dreiwege-Katalysator für einen angemessenen Antrieb des „idealen Verkehrsmittels", für das der Hersteller einen Verbrauch von 2,9 l/100 angibt.

23

Welchen Motorentyp hat BMW beim M3 nie verwendet?

RICHTIGE ANTWORT: B

Als der erste M3 (E30) 1986 auf den Markt kommt, ist er mit einem bis zu 215 PS starken Vierzylinder (S14) bestückt. Die zweite Generation (E36) von 1992 hat einen Reihensechszylinder vom Typ S50 an Bord, der bis zu 321 PS generiert. Beim Nachfolger E46 kommt der Triebwerkstyp S54 zum Einsatz, der bis zu 360 PS (CSL-Version) leistet. E90 (Coupé) und E93 (Cabrio) von 2008 haben den legendären, vom Formel-1-Motor abgeleiteten V8-Sauger (S65B40) mit 420 PS unter der Haube. Der F80 von 2014 wird dagegen wieder mit einem Reihensechser (S55B30) ausgerüstet, dessen Bi-Turbo-System zu 431 PS verhilft. Die neueste Generation G80 wird serienmäßig von einem 480 PS starken Sechszylinderreihentriebwerk mit TwinPower Turbo Technologie befeuert; bei der Competition-Ausführung sind es 510 PS mit einem Spitzenwert für das Drehmoment von 650 Nm.

24

Wie viel PS hat das erste Supersport-Motorrad von BMW, die S 1000 RR?

RICHTIGE ANTWORT: C

2009 beglückt BMW die Biker-Gemeinde mit der S 1000 RR, einem revolutionären Supersportler mit hochgezüchtetem 193-PS-Vierzylinder. Gefertigt wird die feine Doppel-R im Werk Spandau, der Preis liegt bei 15.500 Euro. Bereits im ersten Jahr werden rund 2000 Exemplare verkauft.

25

Welchen Klassiker baut BMW für die Messe „Techno Classica" 2006 aus Ersatzteilen neu auf?

RICHTIGE ANTWORT: D

Anlässlich des 40. Geburtstags der 02-Reihe komplettieren die Bayern einen 2002 tii – eine Originalrohkarosserie aus den 1970er Jahren – mit rund 4000 noch vorhandenen Ersatzteilen. Die im typischen Inkaorange lackierte Ikone entsteht in elf Monaten in der extra dafür errichteten „Gläsernen Werkstatt" am Olympiaturm in München.

26

Nur dank einer Ausnahmegenehmigung nimmt der BMW 502 die neu eingeführte Hauptuntersuchungs-Hürde (TÜV). Was stört die Prüfer?

RICHTIGE ANTWORT: **A**

Am 1. Dezember 1951 wird in Deutschland die „TÜV"-Plakette eingeführt. Gleichzeitig verbietet der Gesetzgeber hinten angeschlagene, so genannte „Selbstmördertüren", weil der Fahrtwind sie aufreißen könnte. Der BMW 502 besitzt genau solche Fondtüren, der damals noch konkurrenzlos für die neue Hauptuntersuchung zuständige TÜV drückt aber vorerst ein Auge zu.

Der von BMW als „Große Reiselimousine" klassifizierte 502 feiert seine Premiere 1954 auf der Automobilausstellung in Genf und basiert auf der Baureihe 501. Der Neue ist ausgestattet mit dem damals einzigen Leichtmetall-V8-Motor in Europa, der mit 100 PS aus 2,6 Litern Hubraum für adäquate Fahrleistungen sorgt.

27

Was ist der BMW „Diana"?

RICHTIGE ANTWORT: **B**

Als Rennfahrer und BMW-Händler Hubert Hahne 1970 die Schauspielerin Diana Körner heiratet, entwickelt er aus seinem ursprünglich zum Brautgeschenk umgebauten 2002 ti eine exklusive Kleinserie von zwölf „BMW Diana". Die Wagen erhalten den Doppelscheinwerfergrill vom 2800 CS, Leder-Interieur, Aluräder, und jedes Exemplar wird in einer anderen Farbe geliefert.

28

Welcher Stylist entwirft für das BMW-Programm die erste „Touring"-Karosserie?

RICHTIGE ANTWORT: **B**

1971 kommt der erste BMW „Touring" auf den Markt. Obwohl der italienische Automobildesigner Giovanni Michelotti (* 6. Oktober 1921; +23. Januar 1980) eigentlich eine zweitürige Schrägheckversion des 02 entwirft, steht die Bezeichnung ab dem 3er (E30) als Synonym für alle „Kombinationsfahrzeuge" von BMW.

29

Was ist das Besondere am Heckspoiler des BMW 3.0 CSL von 1973?

RICHTIGE ANTWORT: **C**

Das i-Tüpfelchen der sportlichen CS-Coupés ist der 3.0 CSL mit letztlich 206 PS starkem 3,2-Liter-Sechszylinder. Das Fahrwerk ist im Prinzip rennfertig, Leitstege führen vorne die Luft. Der stattliche Heckflügel ist jedoch nicht für den Straßenverkehr zugelassen: Deswegen wird er im Kofferraum mitgeliefert. Der liebevoll als „Batmobil" titulierte CSL ist übrigens das erste Produkt der späteren BMW Motorsport GmbH.

30

Warum bietet BMW 1975 den 1502 mit nur 75 PS an?

RICHTIGE ANTWORT: **D**

Nicht zuletzt wegen des Ölpreisschocks Mitte der 1970er greift BMW noch einmal auf die erfolgreiche 02-Reihe zurück: Im Sparmodell 1502 leistet der niedrigverdichtete Vierzylinder aus dem 1602 zehn PS weniger. Deswegen kann man ihn auch mit Normalbenzin füttern. Bis 1977 lassen sich immerhin 72.000 Exemplare verkaufen.

31

Wie viele 6er-Coupés (E24) baut Karmann im Schnitt pro Tag?

RICHTIGE ANTWORT: **C**

Für die Fertigung des 6er ist Karmann zunächst erste Wahl. Der renommierte Karosseriebauer aus Osnabrück produziert 1976 rund zehn Exemplare pro Tag. 1977 wird die Endmontage des 6ers allerdings ins Werk Dingolfing verlegt, Karmann liefert nur noch die Rohkarossen. Insgesamt verkauft BMW in einem sensationell langen Produktionszeitraum von 13 Jahren mehr als 86.000 Einheiten dieses von Paul Bracq zeitlos schön gezeichneten Coupés, bevor ab 1989 der Nachfolger in Gestalt des 850i (E31) in den Ausstellungsräumen der Händler steht.

32

Wie viele kleine Elektromotoren hat ein topausgestatteter 7er (E23) von 1977?

RICHTIGE ANTWORT: **B**

Die erste 7er-Reihe kommt 1977 nicht nur mit einem völlig neu konstruierten Fahrwerk daher, sondern (meist gegen Aufpreis) auch mit vielen Features für die Komfortelektrik. Das führt dazu, dass ein derart mit „Spielereien" ausgerüsteter 7er bis zu 29 Elektrostellmotoren an Bord hat.

33

Mit welcher 3er-Reihe übernimmt BMW selbst die Produktion des Cabrios?

RICHTIGE ANTWORT: **B**

Nachdem zunächst Baur für die nur teilweise Öffnung der 3er-Reihe zuständig war, übernimmt BMW die Cabrio-Fertigung ab 1986 selbst, mitten in der Bauzeit des E30. Die neue Modellvariante ist ein formal überzeugendes viersitziges Vollcabriolet – und ein Bestseller.

34

Wofür steht das „e" in der Modellbezeichnung des BMW 525e?

RICHTIGE ANTWORT: **A**

Verbrauch runter, Drehmoment rauf: Nach diesem Motto wird 1981 der BMW 525 eta entwickelt, so benannt nach dem griechischen Buchstaben für den physikalischen Wirkungsgrad. Der E28 mit dem 2,7-Liter-Sechszylinder debütiert 1983 in Europa. Nachdem er zuvor bereits in den USA und Japan mit G-Kat geliefert wurde, gibt es die Kat-Version ab Sommer 1984 auch in Deutschland. Der Preis: 33.700 Mark.

35

Warum bringt BMW vom 8er (E31) kein Cabrio?

RICHTIGE ANTWORT: **C**

Mit dem 8er bringt BMW 1989 ein standesgemäßes Coupé auf den Markt, das in der CSi-Version bis zu 381 PS stark ist. Ein derart mit V12 ausgerüstetes Cabrio hätte Konkurrent Mercedes mit seinem SL (R 129) unter Druck gesetzt. Allerdings erweist sich das Chassis als nicht steif genug, somit bleibt der 8er geschlossen. Lediglich drei Prototypen der offenen Version entstanden.

36

Wie viel Prozent der Kunden des 3er Compact (E36/5) kaufen danach wieder einen BMW?

RICHTIGE ANTWORT: **B**

Mit dem Compact setzt BMW 1994 einen 3er direkt gegen den Bestseller VW Golf. Dazu werden unter anderem Fahrwerks- und Interieur-Komponenten aus der Vorgänger-Generation E30 adaptiert. Vier Motoren stehen zur Wahl, der Compact kostet zwischen 33.600 und 47.900 Mark. BMW schafft es, neue Kunden zu gewinnen. Zwei von drei sind neu, 65 Prozent kaufen danach wieder einen BMW.

37

Welche Zeit schafft ein BMW 750 hL (E38) auf der Nordschleife?

RICHTIGE ANTWORT: **A**

Mit dem 750 hL baut BMW 2000 das erste Wasserstoffauto in „Serie", auch wenn es nur eine Kleinserie von 15 Exemplaren ist. Der V12 verwertet sowohl Wasserstoff als auch Benzin. Die speziellen 7er werden als Shuttles auf der EXPO eingesetzt, dann geht's 2001 auf die „Clean-Energy Worldtour". Auch auf der

Nordschleife beweist ein hL Potenzial: mit einer Runde in 9:52 Minuten!

38

Was ist das Alleinstellungsmerkmal des 1er BMW (E87) in seinem Segment?

RICHTIGE ANTWORT: C

Mit dem unkonventionellen 1er füllen die Bayern 2004 gekonnt die Lücke zwischen Mini und 3er. Es ist der erste „kleine“ BMW seit der 02er-Reihe von 1966. Kein Konkurrent kommt mit Längsmotor samt Hinterradantrieb, Fahrspaß ist insofern garantiert!

39

Wofür steht bei BMW das Kürzel „LCI“?

RICHTIGE ANTWORT: A

In der Code-Nomenklatur bezeichnen die Münchner ein Modell-Facelift stets als „Life Cycle Impuls“ oder kurz ausgedrückt: LCI

40

In welchem BMW befindet sich erstmals die Bedieneinheit „iDrive“?

RICHTIGE ANTWORT: C

Unter Federführung von Designchef Chris Bangle ist die vierte 7er-Generation mutig gestylt. Aber 2001 ist der 7er auch technisch weit vorn: Im 740d etwa steckt der erste Achtzylinder-Pkw-Diesel mit Direkteinspritzung, im 760i der erste direkt einspritzende Zwölfzylinder. Auch die Bedienung hat's in sich: Sie ist weitgehend zusammengefasst im so genannten „iDrive“. Das damals revolutionäre Anzeige- und Bediensystem, das in ähnlichen Ansätzen aus dem Autobau nicht mehr wegzudenken ist, soll die Zahl der Schalter auf der Armaturentafel radikal reduzieren. Der Fahrer kann nun über einen einzigen Dreh-Drück-Steller (iDrive Controller) auf der Mittelkonsole in Kombination mit dem Control Display in der Armaturentafel eine Vielzahl von Fahrzeugfunktionen mit nur einer zentralen Bedieneinheit steuern, zum Beispiel das Entertainment- und Navigationssystem.

41

Wie lautet 2017 das Ranking der vier meistverkauften BMW?

RICHTIGE ANTWORT: A

Der 3er bleibt 2017 der meistverkaufte BMW. Trotz Rückgangs um 0,7 Prozent im Vergleich zu 2016 sind es immer noch gut 400.000 Autos. Den zweiten Platz belegt der 5er mit knapp 350.000 Exemplaren. Platz drei geht an den X1 mit fast 290.000 verkauften Fahrzeugen, der 1er ist das Schlusslicht mit gut 200.000 Stück.

42

Wie viele Mini-Versionen bietet BMW Mitte 2018 an?

RICHTIGE ANTWORT: B

BMW hat aus dem Mini, der bekanntlich gar nicht so klein ist, eine ganze Familie gezaubert. Im Portfolio sind Mitte 2018 sechs verschiedene Modelle: Dreitürer, Fünftürer, Cabrio, Clubman, Countryman und Electric.

43

Wie viele Serien-Exemplare des 1972er BMW Turbo entstehen?

RICHTIGE ANTWORT: A

280 PS aus einem aufgeladenen 2002tii-Triebwerk, 980 Kilo Gewicht, 250 km/h Spitze: Im Spätsommer 1972 begeistert der BMW Turbo die Fans. Ersonnen von Designer Paul Bracq und Technikchef Bernhard Osswald, mit Kunststoffkarosserie gefertigt von Spezialist Giovanni Michelotti in Turin. Zwei Prototypen entstehen, zur Serienfertigung aber kommt es nicht.

44

Wie viel Kilo leichter ist der M3 CSL (E46) im Vergleich zum „normalen" M3 Coupé?

RICHTIGE ANTWORT: D

MDer M3 CSL von 2003, eine Reminiszenz an den 1973er CSL, trägt sein Kürzel (Coupé Sport Leichtbau) völlig zu Recht: Ist er doch 150 Kilo leichter als der Serien-M3. Dach, Mittelkonsole, Schalensitze und Türverkleidungen sind aus Kohlefaser-verstärktem Kunststoff (CFK) gefertigt. Die Heckscheibe ist aus Dünnglas, der Auspuff extra dünnwandig. Dachhaut, Diffusor und Frontflips bestehen aus Carbon.

45

Wie viele Exterieur-Farben bietet die BMW-Tochter Rolls-Royce ihren Kunden aktuell an?

RICHTIGE ANTWORT: D

Schon RR-Mitbegründer Sir Henry Royce sagte einst: „Nimm das Beste, was existiert und mach' es besser. Wenn es das nicht gibt, dann baue es ..." Kein Zweifel: Exklusivität stand und steht bei Rolls-Royce im Vordergrund. Kein Wunder, dass Kunden heute aus 44.000 Farbtönen wählen können!

46

Wie groß ist Mitte 2018 der Preisunterschied zwischen X2 Coupé und X6 Coupé (jeweils Basisversion)?

RICHTIGE ANTWORT: D

Mitte 2018 hat BMW drei so genannte „Sports Activity Coupés" im Programm, also SUVs (oder bei BMW SAVs) mit Coupé-Heck. Der X2 kostet als kleinste Variante 34.050 Euro, der X4 als mittelgroßer 49.700 Euro und der große X6 72.300 Euro. Das sind rund 38.000 Euro mehr als beim X2.

UNTERNEHMEN UND PERSONEN

01

Wer gründet die BMW AG?

RICHTIGE ANTWORT: **B**

BMW hat viele Väter: Gustav Otto, Sohn von Nicolas August Otto, bringt seine „Flugmaschinenfabrik Gustav Otto" 1916 ein in die neue „Bayerische Flugzeugwerke AG". Dessen ungeachtet wird 1917 aus der „Rapp Motorenwerke GmbH" die „Bayerische Motoren Werke GmbH", die 1918 in eine AG überführt wird. 1922 kauft die BMW AG die Bayerische Flugzeugwerke AG. Erst am 6. Juni 1922 ist die Umformung in die BMW AG, wie sie heute existiert, vollendet.

02

Wer entwirft den BMW 507?

RICHTIGE ANTWORT: **D**

Der 507 ist der erste Nobel-Roadster von BMW. Verantwortlich fürs Styling: Albrecht Graf von Goertz. Der in den USA lebende Designer (1996 Ehrenmitglied des Deutschen Designer Clubs) nimmt den BMW 3200 S als Basis und verkürzt den Radstand. Die Techniker setzen einen 150 PS starken V8 in die sportlich-schlanke Karosserie, damit sind 220 km/h Spitze möglich. Heute wird für diese Sportwagen-Ikone im Top-Zustand ein Preis von über 2 Millionen Euro aufgerufen.

03

Mit welchem Autovermieter gründet BMW 2011 die Car-Sharing-Firma DriveNow?

RICHTIGE ANTWORT: **C**

DriveNow betreibt BMW gemeinsam mit Sixt. Das Car-Sharing-Konzept wird zunächst nur regional im Raum München angeboten. Es wird in die Submarke BMW i GmbH integriert, 2015 hat DriveNow rund 500.000 Kunden, etwa 4000 Fahrzeuge sind im Einsatz. 2018 wird DriveNow eine hundertprozentige Tochter von BMW.

04

Welche englische Firma „erbt" den BMW 327/328 und baut ihn 1947 unter eigenem Namen weiter?

RICHTIGE ANTWORT: **B**

Als Reparationsleistung erhält die kleine Autoschmiede Bristol nach dem Krieg sämtliche Konstruktionszeichnungen der BMW-Vorkriegssportler. Der BMW-Chefingenieur geht gleich mit. 1947 rollt der Bristol 400 auf englische Straßen: Optisch ein BMW 327, ist er technisch ein BMW 328.

05

Wie wird die neue BMW-Firmenzentrale 1970 genannt?

RICHTIGE ANTWORT: **C**

Das futuristische Gebäude am Münchner Petuelring ist clever gebaut: Jedes der 18 Bürogeschosse wird zunächst am Boden vormontiert und anschließend hydraulisch nach oben gezogen. Die vier gut erkennbaren „Säulen" geben dem Bau schnell den Begriff „Vierzylinder", aber auch „Kleeblatt-Haus" oder „Hängehaus". Bei der Raumanordnung spielt der Teamgedanke der darin Arbeitenden eine wichtige Rolle. Die Baukosten für die am 18. Mai 1973 offiziell eröffnete und 99,5 Meter hohe Konzernzentrale (so hoch wie die Frauentürme) beträgt rund 100 Millionen Mark. Einer Anekdote nach soll der Wiener Architekt Prof. Dr. Karl Schwanzer bei einem Geschäftsessen mit BMW-Managern damals vier Maßkrüge auf dem Biergartentisch zusammen gestellt haben, um so die angedachte Form zu veranschaulichen. Das zwischen 2004 bis 2006 in nur 28 Monaten aufwändig sanierte Münchner Wahrzeichen steht seit 1999 unter Denkmalschutz.

06

In welchem US-Staat errichtet BMW sein erstes amerikanisches Werk?

RICHTIGE ANTWORT: **B**

Die Fertigung der BMW Manufacturing Company LLC in Spartanburg, South Carolina, startet im Juli 1994. Das erste Produkt ist der BMW 318i, aber vor allem mit dem Z3 startet Spartanburg richtig durch. 2018 sind hier 10.000 Menschen beschäftigt, täglich werden rund 1400 BMW produziert.

07

Wie lange dauert der BMW-Deal mit Rover?

RICHTIGE ANTWORT: **C**

Merger und Übernahmen sind in den 1990ern an der Tagesordnung: BMW schnappt sich 1994 Rover. Damit produzieren die Münchner mehr als eine Million Autos im Jahr, die Zahl der Mitarbeiter steigt auf 110.000. Doch der britische Partner ist eine Belastung: Nach sechs Jahren zieht BMW-Chef Pischetsrieder die Reißleine. Mini bleibt im Portfolio und wird fortan als eigene Marke gepusht.

08

In welchem Zeitraum zeichnet der Franzose Paul Bracq für das BMW-Design verantwortlich?

RICHTIGE ANTWORT: **B**

Der in Bordeaux geborene Bracq ist einer der wichtigsten Karosseriedesigner der Automobilgeschichte. Nach seiner Zeit für Mercedes-Benz, wo er unter anderem für den SL („Pagode") und den „Strich-Acht" verantwortlich war, arbeitet er bei BMW und gilt als einer der einflussreichsten Designer der Münchner. Wichtige und erfolgreiche Meilensteine gehen auf sein Konto: So formt er unter anderem entscheidend die erste 3er-, 5er- und 6er-Reihe, außerdem Imageträger wie den spektakulären BMW Turbo.

09

Welcher Hersteller will 1959 BMW übernehmen?

RICHTIGE ANTWORT: **A**

Im Dezember 1959 muss die Hauptversammlung über die Liquidation der siechenden BMW AG beraten. Die Deutsche Bank will das Grundkapital halbieren und das Stammkapital herabsetzen – durch den Verkauf von Wertpapieren, die sich dann Deutsche Bank und Daimler-Benz sichern wollen. Der Bank gehören 20 Prozent der Daimler-Aktien. Ein Fehler in der Jahresverlustrechnung und die Großaktionäre Quandt retten BMW schließlich vor der Übernahme.

10

Wer ist erster Chefinstruktor beim 1977 eingeführten „BMW-Fahrertraining"?

RICHTIGE ANTWORT: **C**

Am 3. Februar 1976 fällt bei BMW der Entschluss, eine „Werksfahrerschulung für Laien" anzubieten. Federführend hierbei ist die M GmbH: Jochen Neerpasch verpflichtet unter anderem „Rallye-Professor" Rauno Aaltonen als ersten Chefinstruktor. Austragungsort: das BMW-Testgelände sowie diverse Rennstrecken. Die Autos: 125 PS starke BMW 320i, unter anderem mit speziellem Fahrwerk und 40-prozentigem Sperrdifferenzial.

11

In welchem Jahr baut BMW erstmals mehr als 100.000 Autos?

RICHTIGE ANTWORT: **D**

Ende der 1960er laufen die Geschäfte, BMW wächst: 1967 wird Glas zum Tochterunternehmen, auch die Übernahme anderer Autobauer wird kalkuliert. 1968 laufen erstmals mehr als 100.000 BMW von den Fertigungsbändern.

12

Wie alt ist Eberhard von Kuenheim, als er 1970 BMW-Chef und jüngster Generaldirektor der deutschen Großindustrie wird?

RICHTIGE ANTWORT: **D**

Insider rechnen damit, dass Vertriebsvorstand Paul G. Hahnemann den Posten übernimmt. Großaktionär Herbert Quandt setzt Hahnemann jedoch nur als Stellvertreter des neuen Vorstandsvorsitzenden ein: Der heißt ab Januar 1970 Eberhard von Kuenheim. Da ist der Manager gerade mal 41 Jahre alt.

13

Was ist der Hofmeister-Knick?

RICHTIGE ANTWORT: **B**

Wilhelm Hofmeister (Jahrgang 1912) ist zunächst Maschinenbauer, bevor er 1955 die Leitung des BMW-Designstudios übernimmt. Zu den von ihm maßgeblich gestalteten Autos gehören BMW 1800, 2000 C/CS, 2000, 1600-2/2002, 1600 Cabrio, 2500-3,3l, 2800 CS – 3.0 CS, 1600-2000 tii touring, 3.0 CSL (1971) und 2002 Turbo. Ihm wird vor allem aber der berühmte „Hofmeister-Knick" zugeschrieben, ein nach vorn geknickter unterer Teil der C-Säule. Seine Ausprägung reicht von dynamisch spitz bis aufrecht, dabei soll der Gegenschwung den dynamischen Vorwärtsdrang betonen. Außerdem wird so auch optisch auf den bei BMW typischen Hinterradantrieb hingewiesen. Zwar prägt dieses erstmalig 1961 eingeführte Design-Element bis heute die meisten BMW-Automobile, aber mit der Präsentation des 3er G20 im Oktober 2018 verzichteten die Münchner erstmalig gänzlich auf dieses unverwechselbare Erkennungsmerkmal.

14

Wem gehört der Grund und Boden, auf dem heute das Rolls-Royce-Werk steht?

RICHTIGE ANTWORT: **B**

Nachdem sich BMW und VW über die Modalitäten des ungewöhnlichen Rolls-Royce-Bentley-Deals einig sind, wird quasi im „Garten" des Earl of March – bürgerlich Charles Gordon-Lennox und seit dem Tod seines Vaters Duke of Richmond – die neue Rolls-Royce-Fabrik errichtet. Für Rolls-Royce ist Goodwood seit 2003 der sechste Standort seit Gründung 1904.

15

Wie viele Menschen sind 1975 für BMW tätig?

RICHTIGE ANTWORT: **C**

1975 ist für BMW ein gutes Jahr: Erstmals werden mehr als 200.000 Autos in einem Jahr verkauft, der Jahresüberschuss steigt von 42 auf 74 Millionen Mark, und bei BMW arbeiten 29.000 Menschen. So viele wie nie zuvor.

16

Was verbirgt sich hinter dem Begriff „VANOS"?

RICHTIGE ANTWORT: **B**

Ab Herbst 1992 setzt BMW beim modifizierten M50-Sechszylinder für die 3er- und 5er-Reihe erstmals auf eine variable Nockenwellen-Steuerung. Zunächst ist die Vanos-Einheit nur einlassseitig verbaut, wodurch sich Drehmoment und Leistung verbessern. Spätere Motorengenerationen profitieren vom Doppel-Vanos, bei dem auch die Auslass-Seite derart ausgerüstet ist.

17

Warum gilt der 5. Februar 1999 für BMW als „Schwarzer Freitag"?

RICHTIGE ANTWORT: **C**

Als BMW-Chef Bernd Pischetsrieder vorgeworfen wird, nicht genug gegen das Desaster mit der Tochter Rover getan zu haben, tritt er zurück. Kronprinz Wolfgang Reitzle soll als sein Vize neuer Vorstandsvorsitzender werden. Doch auch er geht, und zwar zum Konkurrenten Ford.

18

Chris Bangle gilt als umstrittenster BMW-Designer. Warum?

RICHTIGE ANTWORT: A

Der US-Amerikaner Chris Bangle beginnt 1992 bei BMW als Designchef. Seine Formensprache der „kommunizierenden Linien und Kanten" gilt als genial und innovativ, ruft aber teils auch heftige Kritik hervor. In Bangles Verantwortung fallen jedoch nicht nur der umstrittene 7er E38, sondern auch Bestseller wie 3er, 5er, X5 oder Z3. Zudem entstehen unter seiner Federführung Rover 75 sowie Rolls-Royce Phantom VII. Im Jahr 2009 verlässt einer der einflussreichsten Automobil-Designer BMW – neuer Leiter des BMW Group Design wird am 1. März 2009 Adrian van Hooydonk.

19

Welchen Motorradhersteller kauft BMW im Jahr 2007?

RICHTIGE ANTWORT: C

In der Hoffnung auf ein gutes Geschäft mit sportlichen Husqvarna-Geländemaschinen wagt BMW erstmals nach dem Rover-Debakel wieder eine Übernahme. 2008 verkauft Husqvarna 13.500 Maschinen, die Absatzzahlen sinken allerdings alsbald rapide. 2011 werden nur noch 9300 Stück verkauft. 2013 stoßen die Bayern die Marke wieder ab. Neuer Besitzer: KTM.

20

Wann gründet BMW die i GmbH?

RICHTIGE ANTWORT: A

Seit 2007 forciert BMW das Thema Elektrifizierung: Das „i project" beginnt mit dem Mini-E. 2010 wird das Vorhaben mit der Gründung der Submarke i GmbH manifestiert. Sie soll sowohl Mobilitäts-Dienstleistungen als auch neue Autos entwickeln.

21

Wer wird 1918 erster BMW-Generaldirektor?

RICHTIGE ANTWORT: D

Ingenieur Franz Josef Popp initiiert 1917 den Namenswechsel der Rapp-Werke in BMW, nachdem die Firma 224 Stück der 350-PS-Flugmotoren für das österreichische Militär bauen soll und der glücklose Firmengründer Karl Rapp ausgeschieden ist. Popp wird erster BMW-Geschäftsführer, ein Jahr später erster Generaldirektor. Er bleibt es bis 1942 – die Nazis drängen ihn zum Rücktritt.

22

Wie lautet der Spitzname von Paul G. Hahnemann, BMW-Verkaufschef von 1961 bis 1969?

RICHTIGE ANTWORT: C

Hahnemann ist ausgefuchster Vertriebler und als solcher hat er ein besonderes Händchen für Marktnischen. Sein erfolgreichster Coup: die Neue Klasse. Den Spitznamen „Nischen-Paul" verleiht ihm übrigens niemand Geringeres als der bayerische Ministerpräsident und BMW-Fahrer Franz-Josef Strauß.

23

Welche Markennamen haben Autos, die ab 1949 die „Zweigniederlassung Eisenach" verlassen?

RICHTIGE ANTWORT: A

Das Werk Eisenach liegt nach 1945 in der sowjetischen Besatzungszone und heißt Awtovelo (AWO). Damit ist es für BMW verloren. Ab 1946 entstehen dort wieder Motorräder, 1947 Autos. Im September genehmigt das Registergericht München die Auflösung der Zweigniederlassung Eisenach, aus BMW wird EMW für „Eisenacher Motorenwerk".

24

Wann beginnt der Bau des BMW-Forschungs- und Innovationszentrums FIZ?

RICHTIGE ANTWORT: D

Im 1986 gegründeten FIZ werden erstmals in der Automobilindustrie sämtliche Forschungs- und Entwicklungsabteilungen unter einem Dach zusammengefasst. Zunächst sind hier rund 7000 Wissenschaftler, Ingenieure, Designer, Manager und Techniker tätig. Heute sind am FIZ-Standort München-Milbertshofen etwa 26.000 Spezialisten auf 500.000 Quadratmetern beschäftigt.

25

Wie sollte BMW eigentlich ursprünglich heißen?

RICHTIGE ANTWORT: **B**

Die Geschichte ist kurz: Es ist das Patentamt, das den von den damaligen Verantwortlichen präferierten Namen „Bayern-Motor" ablehnt. Trotzdem steht das Logo fest: Die Landesfarben Blau-Weiß müssen enthalten sein.

26

Worum handelt es sich beim BMW-„Goldfisch"?

RICHTIGE ANTWORT: **A**

Auch als Reaktion auf den offenbar geplanten Mercedes-V12 entwickelt BMW 1987 einen irren V16-Motor. Dazu wird der Serien-V12 mit vier weiteren Zylindern auf fast sieben Liter Hubraum vergrößert und in einen aktuellen, goldbraun lackierten 7er verpflanzt. Große Lufteinlässe in den hinteren Kotflügeln dieses besonderen E32 tragen ihren Teil zum Spitznamen bei: Goldfisch!

27

Angeblich ist ein Politiker schuld daran, dass der BMW-„Barockengel" kein großer Erfolg wird. Wer?

RICHTIGE ANTWORT: **C**

Um Bundeskanzler Konrad Adenauer vom Mercedes-Benz 300 wegzulocken, bringt BMW sich ins Gespräch. Überliefert ist, dass dazu 1955 zwei BMW 502 verlängert, nobel ausgestattet und 505 genannt werden. Allerdings: Der Kanzler verliert beim Ein- oder Aussteigen seinen Hut – und meidet fortan die Münchner Marke.

28

Wie viele Händler hat BMW Ende der 1920er Jahre in Deutschland?

RICHTIGE ANTWORT: **A**

Sobald die Dixi-Werke 1928 in „BMW-AG Zweigniederlassung Eisenach" umgetauft sind, boomt der Pkw-Absatz der Bayern. Schnell hält BMW im Kleinwagensegment einen Marktanteil von 32 Prozent. Das ist nur mit vielen Händlern zu schaffen: Zu diesem Zeitpunkt sind es bereits mehr als 100.

29

Wer baut die BMW Motorsport GmbH bis 1979 maßgeblich auf?

RICHTIGE ANTWORT: **A**

Am 1. Mai 1972 wird auf Anregung von Verkaufschef Robert Lutz die „BMW Motorsport GmbH" ins Leben gerufen. Erster Geschäftsführer der schnellen M-Sparte ist Jochen Neerpasch, zuvor Rennfahrer und erfolgreicher Rennleiter von Ford in Köln.

30

Nach wem oder was ist der „Petuelring" benannt, an dem das Hauptverwaltungsgebäude und Wahrzeichen von BMW errichtet wurde?

RICHTIGE ANTWORT: **C**

Etwa vier Kilometer nördlich des Münchner Stadtzentrums gelegen, verläuft der 2,2 Kilometer lange Ring in West-Ost-Richtung und die Hausnummer 130 gehört zur BMW AG. Benannt wurde diese wichtige Verkehrsader nach dem Unternehmer und Brauer aus Freising Ludwig Petuel sen. und seinem Sohn Ludwig jun. Die Familie gehört zu den großen Sozialförderern der Stadt München. Sohn Ludwig und seine Frau Karolina vermachten wegen Kinderlosigkeit ihr gesamtes Vermögen der Stadt, wo es seit den 1950ern in der Ludwig-und-Lina-Petuel-Stiftung für Senioren und Seniorinnen verwaltet wird.

RENNWAGEN UND CONCEPT-CARS

01

Welchen cw-Wert hat der „Autobahnwagen" K-1 von 1939?

RICHTIGE ANTWORT: **C**

Der 1939 vorgestellte „Große BMW" 335 soll langfristig eine adäquate Karosserie erhalten. Dazu laufen diverse Erprobungen, an denen auch Wunibald Kamm beteiligt ist. Die vom Stuttgarter Aerodynamik-Pionier gestaltete Pontonkarosserie aus Aluminium hat einen cw-Wert von 0,23.

02

Welche Rekordzeit erzielt Hubert Hahne 1966 im BMW 2000 TI auf der Nürburgring-Nordschleife?

RICHTIGE ANTWORT: **C**

Mitte der 1960er gilt BMW-Werkspilot Hubert Hahne als schnellster Tourenwagenfahrer der Welt. Im Rahmenprogramm zum Großen Preis von Deutschland am 6. August 1966 beweist er dies auf dem Nürburgring eindrucksvoll: Mit einem BMW 2000 TI erzielt Hahne als erster in einem Tourenwagen eine Zeit unter der Schallmauer von zehn Minuten: Exakt 9:58,5 Minuten werden gestoppt!

03

Auf wessen Initiative wird 1975 das erste BMW „Art Car" verwirklicht?

RICHTIGE ANTWORT: **A**

Der französische Auktionator und Rennfahrer Hervé Poulain sucht für seinen Le-Mans-Einsatz 1975 einen kunstsinnigen Technikpartner und klopft bei BMW an. Die Münchner spenden als „Leinwand" einen 3.0 CSL, Poulains Freund, der US-Künstler Alexander Calder, gestaltet das auffällige Art Car, von dem sich BMW-Sportdirektor Jochen Neerpasch gewisse Marketingeffekte erhofft.

04

Welcher Aerodynamik-Pionier beeinflusst die Fertigung eines der fünf BMW 328 für die Mille-Miglia 1940?

RICHTIGE ANTWORT: **C**

Auf Basis der Windkanal-Erkenntnisse von Aerodynamik-Professor Wunibald Kamm wird ein 328 Coupé mit ausgeklügeltem Stromlinien-Kleid und typischem Kamm-Heck entwickelt. Bei der „Mille" muss das Team Lurani/Cortese allerdings vorzeitig die Segel streichen. Es siegt dennoch ein BMW 328: Das Touring-Coupé mit den Fahrern Fritz Huschke von Hanstein und Walter Bäumer!

05

Wie heißt die Firma von Ernst Loof, der ab 1947 aus alten BMW neue Rennwagen macht?

RICHTIGE ANTWORT: **B**

Ernst Loof zeigt seinen ersten „Veritas" (Wahrheit) vor 230.000 Zuschauern am Hockenheimring – unter dem gedengelten Aluminium steckt ein BMW 328. Die aufpolierten Autos verkauft Loof vor allem in die Schweiz, doch das Geschäftsmodell ist nicht allzu profitabel – 1952 kommt das Aus.

06

1982 wird BMW Motorenlieferant in der Formel 1. Für welches Team?

RICHTIGE ANTWORT: **A**

Ab 1980 entwickelt BMW einen potenten Vierzylinder-Turbo für die Formel 1, der zur Saison 1982 beim Brabham-Team von Bernie Ecclestone zum Einsatz kommt. Erfolgreich ist vor allem die Saison 1983: Der Brasilianer Nelson Piquet holt sich den Fahrertitel und wird im Brabham BT52 erster Turbo-Weltmeister!

07

Wie viele Sitzplätze hat der mit einem BMW-V12 ausgerüstete McLaren F1?

RICHTIGE ANTWORT: **C**

Vom 370 km/h schnellen McLaren F1 entstehen 1993 bis 1997 mehr als 70 straßenzugelassene Exemplare. Die Besonderheit: Der Fahrersitz befindet sich in der Mitte, daneben gibt's Platz für zwei Copiloten. Somit ist der V12-Supersportler ein echter Dreisitzer.

08

Wie erklärt sich der große Erfolg der 02-Reihe im Motorsport?

RICHTIGE ANTWORT: **B**

Ob Slalom, Rallye, Rundstrecke oder Bergrennen: 02er fahren im Motorsport unzählige Erfolge ein, die Reihe avanciert zum echten Meilenstein. Quasi vom Start weg gelten die kompakten 02-Modelle mit den standfesten und potenten M10-Vierzylindern als besonders handlich, leicht und schnell.

09

Was ist die „Wilde Reiter GmbH"?

RICHTIGE ANTWORT: **A**

1977 nimmt BMW mit dem „Junior Team" an der Deutschen Rennsportmeisterschaft teil. Die erste Stammbesetzung des BMW 320 Gruppe 5 bilden Marc Surer, Manfred Winkelhock und Eddie Cheever. Die Piloten sind gut, agieren zuweilen aber völlig undiszipliniert. So weiß bald jeder, wer mit „Wilde Reiter GmbH" gemeint ist ...

10

Wie viele M1 dürfen im Rahmen der BMW Procar-Serie pro Lauf starten?

RICHTIGE ANTWORT: **B**

Zum Rahmenprogramm der Formel 1 zählt in den Saisons 1979/80 die von BMW initiierte Procar-Meisterschaft. Hier messen sich die fünf trainingsschnellsten F1-Piloten mit Werks- und Privatfahrern, die Renndistanz beträgt ein Drittel des jeweiligen Formel-1-Laufs. Pro Lauf sind 25 M1 zugelassen. Erster Champion wird Niki Lauda, 1980 gewinnt Nelson Piquet den Titel. Die Prämie: ein M1! Damals mit 100.000 Mark so ziemlich das teuerste Gefährt auf vier Rädern, zählt der M1 heute zum Kreis erlesener Klassiker, die für gut eine halbe Million Euro gehandelt werden.

11

In welchem Formel-1-Grand Prix siegt erstmals ein Brabham-BMW?

RICHTIGE ANTWORT: **B**

1982 wird BMW offizieller Motorenlieferant fürs Team Brabham: Der maßgeblich von Paul Rosche entwickelte Vierzylinder-Turbo liefert im Training bis zu 1400 PS! Nelson Piquet sorgt beim Grand Prix von Kanada gleich im Debütjahr für den ersten Sieg. Ein Jahr später erringt er die Fahrer-WM.

12

Wie viele BMW V12 LMR werden 1999 gebaut?

RICHTIGE ANTWORT: **D**

1998 tritt BMW mit dem V12 LM-Prototypen bei den 24 Stunden von Le Mans an. Anschließend wird dieser zum V12 LMR (Le Mans Roadster) weiterentwickelt. Vier Exemplare entstehen, wobei das sichtbarste BMW-Merkmal die angedeutete Niere an der Fahrzeugnase ist. Mit der Fahrerpaarung Martini/Dalmas/Winkelhock und vom Freilassiniger Schnitzer-Team eingesetzt wird der LMR 1999 Gesamtsieger in Le Mans.

13

Mit welchem Fahrzeugtyp siegt Schnitzer-BMW 2010 beim 24-Stunden-Rennen am Nürburgring?

RICHTIGE ANTWORT: **D**

Das Qualifying dominieren vier Audi R8 LMS, im

Rennen führt zunächst der Manthey-Porsche. Doch es folgt der große Auftritt des eigentlich für die amerikanische ALMS-Serie entwickelten M3 GT2. Der von Schnitzer vorbereitete BMW E92 liegt Sonntagfrüh bereits an Position 2, dann gibt der Manthey-Porsche wegen Motorschadens auf: Dem M3 GT2 ist der Sieg nicht mehr zu nehmen!

14

2012 steigt BMW nach fast 20 Jahren wieder in die DTM ein. Mit welchem Erfolg?

RICHTIGE ANTWORT: **D**

BMW entscheidet sich für die neugeschaffene Deutsche Tourenwagen Masters, weil das Reglement es erlaubt, die Autos auch international einsetzen zu können. Mit dem V8-M3 holen die Bayern auf Anhieb das Triple: Mit dem Kandier Bruno Spengler auf dem vom Schnitzer-Team eingesetzten M3 gewinnen sie Fahrer-, Team- und Herstellerwertung.

15

Was stört das Publikum am meisten beim vollelektrischen Concept Car E1 von 1991?

RICHTIGE ANTWORT: **B**

Anfang der 1990er setzt BMW mit mutigen Zukunftsstudien Zeichen: 1991 ist es der E1 (Z11) ein clever durchdachtes Stadtauto mit E-Motor. Der 3,48 Meter lange, flinke 2+2-Sitzer soll eine Reichweite von immerhin 200 Kilometer haben. Zwei Jahre später kommt ebenfalls anlässlich der IAA ein optimierter E1 (Z15), der verschiedene Antriebsversionen zulassen würde (Elektro, Verbrenner, Hybrid). Technisch gibt es noch Schwierigkeiten mit den damals möglichen Batterien, Hauptgrund für die Absage war jedoch die zurückhaltende Resonanz beim Publikum, das sich mit dem futuristischen Design nicht so richtig anfreunden kann.

16

In welchem Jahr stellt die BMW Technik GmbH die Studie Z22 auf die Räder?

RICHTIGE ANTWORT: **A**

Der Z22 ist nicht gerade eine Schönheit, aber hier geht es hauptsächlich um innere Werte: Die Studie von 1999 markiert das erste „Mechatronic-Auto" der Welt, wobei BMW damit die Kunst meint, mechanische Systeme „by Wire", also elektronisch steuern zu lassen. Insgesamt stecken 70 Innovationen und 61 angemeldete Patente aus diversen Bereichen im Z22.

17

Welcher Motor sitzt in der BMW-Studie Just 4/2 von 1995?

RICHTIGE ANTWORT: **B**

Mit dem Just 4/2 versucht sich BMW erneut an einem Zwitter aus Auto und Motorrad. Deswegen steckt im Heck des Z21 der 100 PS starke Vierzylinder der K 1100. Damit sprintet der nur 550 Kilo leichte Buggy in sechs Sekunden auf 100 km/h, das Höchsttempo ist mit 180 km/h angegeben.

18

Welches ist das erste von BMW-Chefdesigner Chris Bangle gestaltete Concept Car?

RICHTIGE ANTWORT: **A**

Chris Bangle überrascht 1999 mit dem Z9 GT Concept, das später als Vorlage für die 6er-Reihe E63 dient. Unter der langen Motorhaube steckt ein innovativer Achtzylinder-Diesel, optisch überzeugen die Flügeltüren. Ebenso gelungen: die Bedienung nach dem „Intuitive Interaction Concept".

19

Wie viele Weltrekorde erringt die Wasserstoff-Studie H2R von 2004?

RICHTIGE ANTWORT: **C**

Auf der BMW-Teststrecke von Miramas schafft das „Hydrogen-Record-Car" H2R neun Weltrekorde für wasserstoffbetriebene Fahrzeuge. Darunter einen Kilometer mit stehendem Start in 26,557 Sekunden. Der Motor: ein umgerüsteter Sechsliter-V12 des Typs N73, der 285 PS leistet.

20

Worin liegt die Besonderheit der 2001 gezeigten Studie X Coupé?

RICHTIGE ANTWORT: **A**

Auf Basis des BMW X5 kreiert BMW-Designchef Chris Bangle ein Allrad-Coupé mit vielen Sicken und Kanten. Und mit asymmetrischem Heck: Was seinerzeit als „visionärer Flop" gilt, ist mit heutigen Crossovern wie dem BMW X6 längst Realität. Wenn auch nach wie vor mit symmetrischem Heck.

21

Was kann die Studie GINA Light von 2008?

RICHTIGE ANTWORT: **B**

Mit GINA Light blickt BMW weit in die Roadster-Zukunft. GINA steht dabei für „Geometrie und Funktionen in n-facher Ausprägung". Dabei hat der Alu-Spaceframe, der mit matt schimmerndem Metallic-Stoff bezogen ist, eine verblüffende Eigenschaft: Er kann hydraulisch und elektrisch bewegt werden – somit verformt sich auch die Karosserie.

22

Wie viele Motoren treiben den BMW Vision Efficient-Dynamics an?

RICHTIGE ANTWORT: **C**

Mit der Studie will BMW 2009 zeigen, dass sich mit leistungsfähigen M-Fahrzeugen Verbräuche von Kleinwagen realisieren lassen. Dazu kommt ein Vollhybrid-Konzept zum Einsatz, bei dem ein ökonomischer 1,5-Liter-Dreizylinder-Turbodiesel mit zwei E-Motoren (an Vorder- und Hinterachse) ergänzt wird.

23

Welcher Künstler ist zunächst nicht besonders stolz auf sein BMW Art Car?

RICHTIGE ANTWORT: **D**

„Dieses Auto ist besser gelungen als das Kunstwerk!" So wird Andy Warhol zitiert, nachdem er im Juni 1979 einen BMW M1 in Gruppe-4-Version mit expressionistischen Farben verziert hat. Wenn der Künstler auch nicht glücklich übers Ergebnis ist: Der Warhol-M1 rast in Le Mans immerhin auf Platz sechs der Gesamtwertung!

Weitere Empfehlungen für Sie

256 Seiten, 222 x 275 mm,
Hardcover
ISBN 978-3-95843-353-3
€ 14,99

256 Seiten, 233 x 285 mm,
Hardcover mit Schutzumschlag
ISBN 978-3-86852-889-3
€ 49,95

272 Seiten, 213 x 275 mm,
Hardcover
ISBN 978-3-95843-145-4
€ 45,–

160 Seiten, 245 x 290 mm,
Hardcover
ISBN 978-3-95843-500-1
€ 29,95

Unser komplettes Programm erhalten Sie in jeder Buchhandlung und unter www.heel-verlag.de
HEEL Verlag GmbH | Gut Pottscheidt | 53639 Königswinter